EL SISTEMA SOLAR, EL SOL Y LOS PLANETAS

EL SISTEMA SOLAR
EL SOL Y LOS PLANETAS

EL SISTEMA SOLAR, EL SOL Y LOS PLANETAS

ÍNDICE
3 EL SISTEMA SOLAR
5 Cuerpos menores del Sistema Solar
7 EL SOL
10 COMETAS
12 METEORITOS
14 MERCURIO
16 VENUS
17 LA LUNA
21 Viaje a la Luna
23 LA TIERRA
27 MARTE
31 CINTURON DE ASTEROIDES
34 • CERES
35 • VESTA
36 • PALLAS
37 JUPITER
39 • GANIMEDES
40 • CALIXTO
41 • IO
41 • EUROPA
44 SATURNO
46 • TITAN
48 • REA
49 • JAPETO
50 • ENCELADO
52 • FEBE
52 URANO
54 • TITANIA
55 • MIRANDA
56 • OBERON
57 NEPTUNO
58 • TRITON
59 • NEREIDA
60 PLUTON
62 • CARONTE
63 • Satélites más Pequeños
65 PLANETAS ENANOS MAS ALLA DE PLUTON
65 • QUAOAR
65 • SEDNA
66 • HAUMEA
67 • ORCO
67 • ERIS
68 • MAKEMAKE
68 • GONGGONG
70 Agradecimientos

EL SISTEMA SOLAR

Ya **Pitágoras** decía que la Tierra era una esfera basándose en la observación de la sombra de los eclipses; y en el siglo III a.C. **Aristarco** fue un defensor del modelo heliocéntrico, pero el modelo geocéntrico (planetas y sol orbitando la Tierra) fue ampliamente aceptado hasta **Nicolás Copérnico**.
Galileo descubre que los satélites giran alrededor de Júpiter y es acusado de herejía.
Johannes Kepler explica matemáticamente cómo se mueven los planetas alrededor del sol. Posteriormente, **Isaac Newton** determinó las leyes de la gravedad.

El sistema solar se formó hace 4.600 millones de años por el colapso de una nube de polvo estelar que, bajo la influencia de la gravedad, formó un disco protoplanetario del que surgieron los planetas.
Se encuentra en la región del **Brazo de Orión de la Vía Láctea**, a 28.000 años luz de su centro.

EL SISTEMA SOLAR, EL SOL Y LOS PLANETAS

La nube primordial a partir de la cual se formaron el sol y los planetas tenía varios años luz de largo y ya había formado otras estrellas de primera generación que producían materiales más pesados, como los metales.

Se acumuló más masa en el centro y giró cada vez más rápido. Cerca del sol, sólo los metales podían existir en forma sólida porque los gases se evaporaban y formaban **planetas rocosos**: Mercurio, Venus, la Tierra y Marte, que no podían ser grandes porque estos elementos pesados eran los más raros.

Lejos del Sol, donde las temperaturas eran más bajas, los elementos ligeros pueden existir en estado sólido y, como son los más abundantes, formaron los **planetas gigantes gaseosos**: Júpiter, Saturno, Urano y Neptuno.

Cuando la presión térmica igualó a la gravedad, comenzó la fusión termonuclear del hidrógeno, que duraría 10 mil millones de años.

El Sol es el único objeto del sistema solar que emite luz gracias a la fusión termonuclear del hidrógeno transformado en helio.

Mide 1.400.000 km de diámetro y contiene el 99,8% de la masa del sistema solar.

El viento solar es un flujo de plasma procedente del Sol que atraviesa el sistema solar hasta sus límites en **la nube de Oort** a un año luz del Sol.

Los planetas y asteroides giran alrededor del sol en órbitas elípticas en sentido antihorario.

EL SISTEMA SOLAR, EL SOL Y LOS PLANETAS

• **Planetas interiores o telúricos:** Mercurio, Venus, Tierra y Marte.
• **Planetas exteriores o planetas gigantes:** Júpiter y Saturno (gigantes gaseosos); Urano y Neptuno (gigantes de hielo). Todos los planetas gigantes están rodeados de anillos.

Los planetas enanos tienen masa suficiente para adoptar forma esférica debido a la gravedad, pero no para atraer o expulsar todos los objetos que los rodean.

Cuerpos menores del sistema solar:
Asteroides, meteoritos y cometas.
Cuerpos que, sin ser satélites, no tienen masa suficiente para alcanzar una forma esférica (alrededor de 800 km de diámetro).

Además de los **objetos transneptunianos, Vesta** y **Palas** son los cuerpos pequeños más grandes del sistema solar, con un diámetro de poco más de 500 km.

-Los **asteroides** son cuerpos más pequeños ubicados en una zona entre las órbitas de Marte y Júpiter. Su tamaño varía entre 50 metros y 1.000 kilómetros de diámetro.

EL SISTEMA SOLAR, EL SOL Y LOS PLANETAS

-Los **meteoritos** son objetos de menos de 50 metros de diámetro pero más grandes que las partículas de polvo cósmico. Suelen ser fragmentos de cometas o asteroides.

-Los **satélites** son cuerpos que orbitan alrededor de planetas.

Fuera de la órbita de Neptuno se encuentran **el cinturón de Kuiper y la nube de Oort,** donde se han descubierto planetas enanos.
El espacio interplanetario no está completamente vacío, en la superficie de los planetas hay partículas de gas y polvo procedentes de la evaporación de los cometas y de los impactos de meteoritos, que debido a su baja gravedad no pueden retener todo el material de la colisión.

También hay partículas energéticas provenientes del sol (**viento solar**). que alcanzan el límite del sistema solar (**heliopausa**), es decir, 100 veces la distancia del Sol a la Tierra.

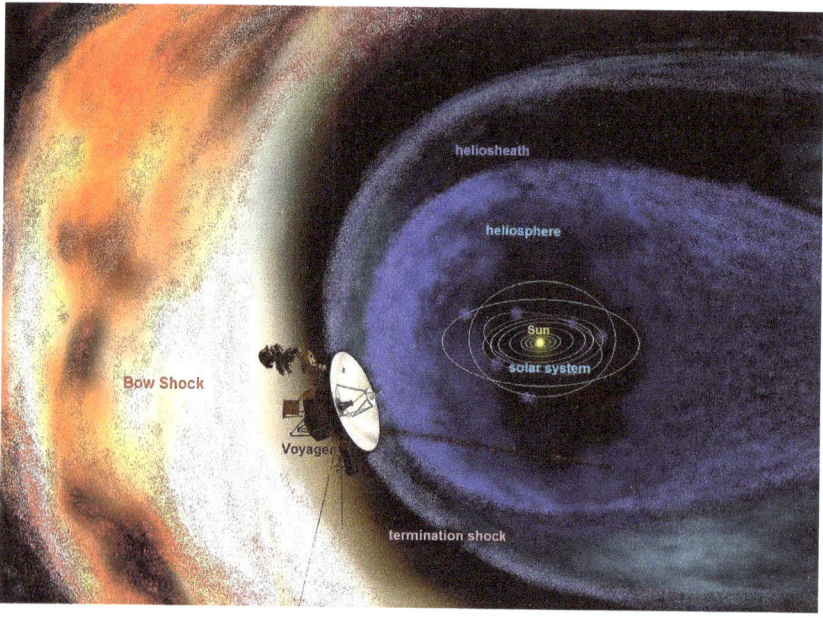

EL SISTEMA SOLAR, EL SOL Y LOS PLANETAS

EL SOL
El sol es una bola de plasma que crea un campo magnético gigantesco. Está compuesto por un 75% de hidrógeno.
La distancia entre el Sol y la Tierra es de **1 unidad astronómica** (150 millones de kilómetros), o 400 veces la distancia de la Luna, y su diámetro es 109 veces mayor.
Cada 11 años, el Sol experimenta un ciclo de mayor actividad.
Como cualquier otro objeto del universo, toda la materia que lo compone es atraída hacia el centro por la gravedad, lo que crea su propia masa.

La temperatura en el centro del sol alcanza los 15 millones de grados centígrados.

Las manchas solares son zonas donde la temperatura es más baja que el resto.

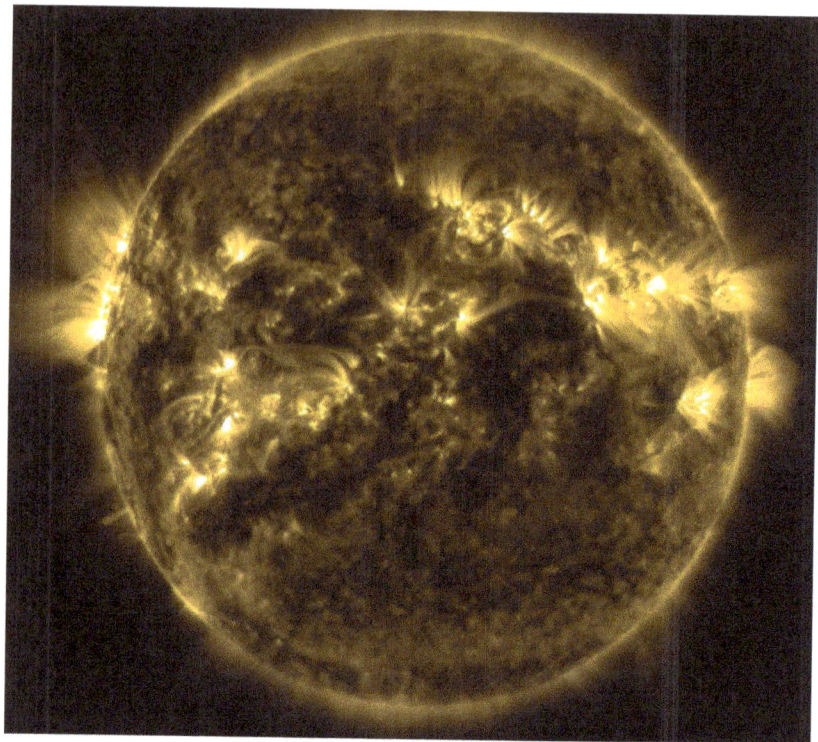

La temperatura y la presión gravitacional son tan altas que la materia del interior de las estrellas alcanza un estado que no es ni gaseoso, ni sólido ni líquido, llamado plasma, el cuarto estado de la materia.

El sol convierte entre 500 y 700 millones de toneladas de hidrógeno en helio cada segundo, emitiendo más de 4 millones de toneladas de energía.

Durante las reacciones de fusión se produce una pérdida de masa, lo que significa que el hidrógeno consumido pesa más que el helio producido. Esta diferencia de masa se convierte en energía.

La radiación solar se estima en 1.000 vatios por m².

La energía generada en el corazón del sol tarda un millón de años en

EL SISTEMA SOLAR, EL SOL Y LOS PLANETAS

llegar a la superficie del sol.
La fuerte gravedad impide que los fotones escapen, creando **magnetismo solar (viento solar)**.

El viento solar empuja partículas de gas y polvo hacia los bordes del sistema solar. Allí, los cometas se forman a partir de estos materiales y regresan al sol en un ciclo interminable.

Si el Sol consume todo el hidrógeno en 5 mil millones de años, se convertirá en una estrella gigante roja, que crecerá unas 300 veces más y comenzará a quemar helio.
Luego generará más energía que nunca, derritiendo los planetas interiores y expulsando gran parte de su masa en forma de nebulosa hasta que el sol queme todo el helio, se enfríe por completo y se convierta en una enana blanca, una de las más densas del planeta. universo.
El Sol no explotará en una supernova porque no tiene suficiente masa.
La combinación del tamaño y la distancia del sol y la luna hace que parezcan del mismo tamaño.

La luz blanca del sol se compone de 7 colores: rojo, amarillo, azul, verde, índigo, naranja y violeta. Cuando un rayo de luz atraviesa una gota de lluvia en un ángulo de 40 grados, se divide en todos los colores que componen el blanco. Hay millones de matices, de los cuales el ojo sólo puede percibir unos pocos.

COMETAS

Se trata de objetos formados por rocas, hielo y gases como dióxido de carbono y metano que orbitan alrededor de estrellas.

También contienen compuestos orgánicos, los mismos que formaron la vida en la Tierra. Por tanto, algunas teorías afirman que la vida surgió de la colisión de un cometa.

Hay más de 4.595 cometas orbitando alrededor de nuestro sol. Aunque se estima que podría haber más de mil millones de personas en el borde del sistema solar, en la zona denominada **nube de Oort**.

-**La parte central o núcleo** puede tener una longitud de entre 100 metros y 30 kilómetros.

-Su **cabellera o cola** puede medir más de 150 millones de kilómetros de largo, la distancia de la Tierra al Sol, y están formados por chorros de gas y polvo.

El Cometa Mc Naugth

A medida que se acercan al Sol, la nube circundante de partículas de gas y polvo se carga de electricidad gracias al enorme campo magnético del Sol (viento solar), creciendo cada vez más y formando los largos pelos del cometa.

EL SISTEMA SOLAR, EL SOL Y LOS PLANETAS

La cabellera de gas del cometa se pueden ver en el horizonte justo antes del amanecer o después del anochecer cuando se mira hacia el sol.

Los primeros datos sobre la observación de un cometa se remontan al año 230 a.C.

En el 44 a.C. En el año 300 a.C., el mismo día en que comenzaron las celebraciones por la muerte de **Julio César**, un comentario luminoso apareció en el cielo de Roma y fue visible a plena luz del día durante siete días consecutivos.

Este hecho fue interpretado como una señal de que el alma de César había ascendido al cielo con los demás dioses. Su sobrino Octavio Augusto difundió esta idea para apoyar su candidatura al gobierno de Roma e incluso construyó un templo para rendir culto al cometa.

En el 66 a.C. El famoso **cometa Halley** fue visto por primera vez, pero no estaba claro cuándo regresaría. En 1705, el astrónomo **Edmund Halley** determinó que la órbita del cometa alrededor del Sol tarda 76 años y calculó que regresaría en 1758, por lo que fue llamado así, en su honor.

Cometa Halley, cometa Hale-Bopp y sonda Deep Impact que choca contra el núcleo de roca y hielo de un cometa.

En 1811, un cometa fue visible a simple vista durante siete meses, entre marzo y septiembre. Se estima que tardará casi 4.000 años en

EL SISTEMA SOLAR, EL SOL Y LOS PLANETAS

alcanzar su órbita.

La mayoría de los cometas suelen tardar entre 20 y 200 años en regresar, pero algunos tardan miles de años y otros, como el cometa Encke, regresan al Sol cada tres años. Sin embargo, como ha perdido casi todo su gas, ya no es visible. A simple vista.

Cada vez que un cometa pasa cerca del Sol, pierde parte del gas contenido en su cola. Después de unas 2.000 órbitas, se queda sin gas y se convierte en un asteroide.

En 1910, la cola del cometa Halley medía 30 millones de kilómetros, o una quinta parte de la distancia Tierra-Sol.

Cuando la Tierra pasa por la misma zona del espacio por la que ya ha pasado un cometa, los pequeños fragmentos que este ha desprendido de su cola son atraídos por la gravedad terrestre y caen en forma de estrellas fugaces.

METEORITOS

Las que llamamos estrellas fugaces son en realidad rocas de diferentes tamaños atraídas por la gravedad y llamadas meteoritos.

Cuando la roca cae a gran velocidad, la fricción con la atmósfera hace que alcance una temperatura tan alta que brille en el cielo durante unos segundos como si fuera una estrella.

El griego **Anaxágoras** ya pensaba que los meteoritos eran objetos provenientes del sol, y piedras ardiendo.

A principios del siglo XIX, **Chladni** fue el primer científico en aceptar su origen extraterrestre.

Se estima que más de 10.000 meteoritos, no más grandes que un

fútbol, caen a la superficie de la Tierra cada año.
Antes de tocar el suelo, la mayoría se descompone en partículas más pequeñas que granos de arena. Sin embargo, los meteoritos más grandes pueden chocar contra la superficie y formar enormes cráteres de impacto.
Los meteoritos viajan contra la atmósfera y alcanzan temperaturas superiores a los 2.000 grados centígrados.
Los meteoritos de silicato representan casi el 90% del total, algunos procedentes de los confines del sistema solar; otros provienen de impactos de meteoritos en Marte y la Luna; los metálicos son menos del 10%.

•**Los meteoritos metálicos** (hierro y níquel) se derriten más fácilmente que los rocosos porque son buenos conductores del calor, aunque pueden llegar a la superficie terrestre sin romperse en millones de pedazos.

•**Los meteoritos rocosos** se rompen en fragmentos cada vez más pequeños hasta desintegrarse por completo antes de llegar al suelo, formando rayos de luz, similares a los fuegos artificiales.
Sólo los que miden varios kilómetros pueden soportar el roce de la atmósfera y las altas temperaturas.

•El **meteorito ALH 84001** procede de Marte y tiene 4.500 millones de años. La colisión de un meteorito contra la superficie marciana arrancó del planeta esta roca, que superó la gravedad de Marte y llegó hasta la Tierra, después de viajar por el espacio durante miles de años.

•El **meteorito** más grande encontrado es **Hoba**, con un peso de 66.000 kg. Fue descubierto en el desierto de Namibia en 1920 y se cree que cayó a la Tierra hace más de 80.000 años.

Meteorito Hobba

•Uno de estos meteoritos cayó hace 65 millones de años en lo que hoy es la **Península de Yucatán en México,** formando un enorme cráter y levantando una nube de polvo y cenizas tan grande que cubrió la tierra durante años.

MERCURIO

Los sumerios lo observaron 3000 años antes de Cristo.
Los babilonios lo llamaron el mensajero de los dioses, al igual que en Grecia y Roma, quienes lo identificaron con el dios Hermes/Mercurio.
Mercurio sólo es visible por un corto tiempo al amanecer y al atardecer.
Es el planeta más pequeño del sistema solar y el más cercano al sol.

Está hecho de roca y no tiene atmósfera ni satélites.

EL SISTEMA SOLAR, EL SOL Y LOS PLANETAS

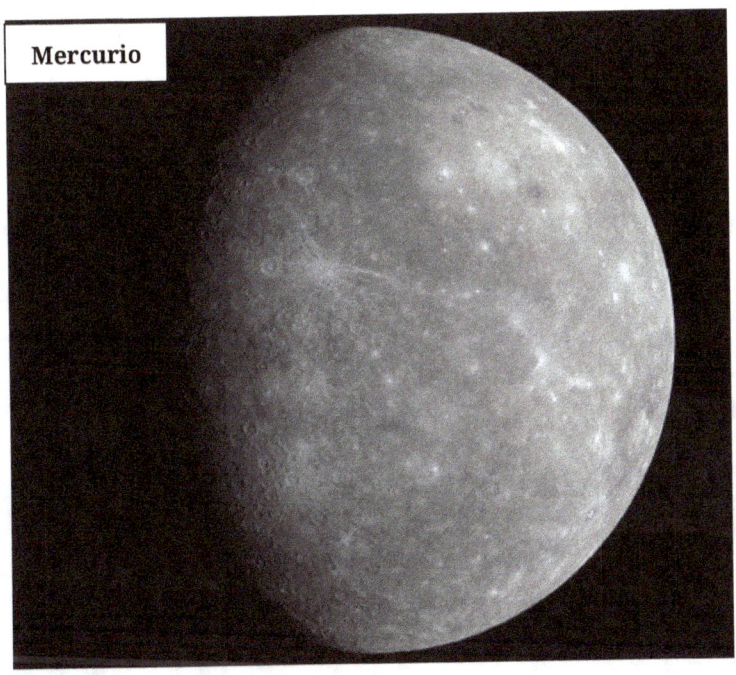
Mercurio

Un día en Mercurio dura 58 días terrestres. Se necesitan 88 días para completar una vuelta alrededor del sol.
Las temperaturas varían entre 350 grados Celsius durante el día, y -170 grados Celsius por la noche. Se ha encontrado hielo en el fondo de algunos cráteres.
Al igual que en la Tierra, existe un campo magnético.
Curiosamente, sale y se pone dos veces durante este largo día de 58 días terrestres.
El sol sale y parece permanecer quieto en el cielo mientras se mueve en la dirección opuesta.

VENUS

Lleva el nombre de la **diosa romana del amor (Venus/Afrodita).**
Es el objeto más brillante del cielo nocturno después de la luna.
Se puede observar tres horas antes del amanecer o tres horas después del atardecer.

Es el segundo planeta más cercano al sistema solar y el tercero en tamaño después de Marte y Mercurio. No tiene satélites y su campo magnético es muy débil.

Es un planeta rocoso y tiene una de las órbitas más esféricas.

Las temperaturas alcanzan los 460 grados centígrados, mucho más que en Mercurio y, debido a la densa capa de nubes, hay pocas fluctuaciones térmicas.

Relieve de la superficie de Venus cartografiada por radar

La presión atmosférica es 90 veces mayor que la de la Tierra (equivalente a la presión a una profundidad de 1.000 metros en el océano).

Su atmósfera es muy densa y está compuesta por más del 90% de dióxido de carbono (CO_2) y nitrógeno. Debido a esta alta densidad, los meteoritos de menos de 3 km² no llegan a la superficie y se desintegran por completo.

Las nubes están compuestas de dióxido de azufre y ácido sulfúrico y en las zonas más altas de la atmósfera generan vientos con velocidades de hasta 350 km/h, lo que es más devastador que en la Tierra.

Venus cubierto por densas capas de nubes

Un día en Venus equivale a 243 días en la Tierra. Además, el planeta gira en sentido contrario a la Tierra, es decir, de oeste a este, de modo que el sol sale por el oeste y se pone por el este.

El planeta está cubierto por dos vastas mesetas separadas por una llanura.

LA LUNA

En la antigua Grecia, **Anaxágoras** creía que el Sol y la Luna eran dos objetos esféricos gigantes y que la luz de la Luna reflejaba la luz del Sol.

En 1609, **Galileo** observó los cráteres de la Luna.

Se cree que un objeto del tamaño de Marte chocó con la Tierra y a partir de sus restos se formó la Luna.

Es el quinto satélite del sistema solar, su diámetro es de 3474,8 km, o 1/5 del diámetro de la Tierra.

EL SISTEMA SOLAR, EL SOL Y LOS PLANETAS

La Luna gira alrededor de la Tierra a más de 3.600 km por hora, y como su órbita no es exactamente circular, la distancia más cercana a la Tierra es de 363.000 km y la más alejada de la Tierra es de 405.000 km.
La distancia media entre la Tierra y la Luna es de 384.000 km.
Desde 150 a.C. En el año 400 a.C., **Hiparco** calculó con gran precisión la distancia entre la Tierra y la Luna.
La masa de la Tierra es 80 veces la de la Luna, por lo que la gravedad en la Luna es 6 veces menor que la de la Tierra.
En Marte, la gravedad es la mitad que la de la Tierra, por lo que un

EL SISTEMA SOLAR, EL SOL Y LOS PLANETAS

astronauta que pesa 100 kg en la Tierra pesará 16,6 kg en la Luna y 50 kg en Marte.
En la Luna, un astronauta puede saltar hasta 2,5 metros de altura.

Un día en la Luna equivale a casi 30 días en la Tierra. Una noche en la Luna equivale a casi 30 noches en la Tierra.
Debido a que tarda el mismo tiempo en girar sobre su eje que en completar una rotación completa en sentido antihorario alrededor de la Tierra, siempre mira hacia el mismo lado o hemisferio y puede ver hasta el 60% de su superficie.
El sol siempre ilumina la mitad de la luna.

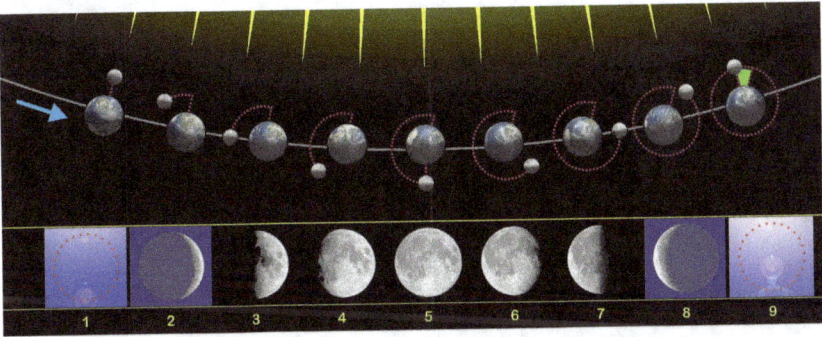

Sabemos que la Luna se aleja de la Tierra 4 centímetros por año, lo que aumenta gradualmente la duración de los días en la Tierra, es decir, reduce la velocidad de rotación de la Tierra.

-**Los eclipses lunares** ocurren cuando la Tierra se interpone entre el sol y la luna, proyectando su propia sombra que oscurece la luna.
El diámetro del Sol es 400 veces mayor que el de la Luna, pero está 400 veces más lejos que la Luna, por lo que se compensa la diferencia de tamaño.

La luna no tiene campo magnético ni atmósfera, lo que provoca grandes fluctuaciones de temperatura entre el día y la noche, alcanzando los 120 grados centígrados durante el día y los -230 grados centígrados durante la noche.
La temperatura promedio es de 100 grados centígrados durante el día;

y por la noche hace -153 grados centígrados.

Como no hay atmósfera, no hay viento y su superficie no se erosiona. Podemos ver los cráteres formados por impactos de asteroides tal y como estaban cuando cayeron hace 3 mil millones de años.
Se cree que mucho antes hubo una intensa actividad geológica, con numerosas erupciones volcánicas que formaron superficies más planas llamadas mares.

Se han encontrado más de 300 millones de toneladas de hielo en los cráteres polares porque la luz del sol nunca llega al interior y la temperatura siempre ronda los -240 grados centígrados. Los impactos de cometas o el viento solar también pueden crear agua debajo de la superficie lunar.
En 2013, un meteorito de 1,4 metros de diámetro y 400 kg de peso chocó en el llamado mar de las nubes.

EL SISTEMA SOLAR, EL SOL Y LOS PLANETAS

Viaje a la Luna

Lanzamiento del Apolo XI

Las misiones Apolo tardaron tres días en llegar a la Luna.
Cuando los primeros astronautas llegaron a la superficie, la temperatura era de 130 grados centígrados.
Estaban protegidos por trajes gruesos que pesaban más de 130 kg y tenían 14 capas de aislamiento.

En 1969, el **Apolo 11** llevó a los primeros humanos a la luna.
La computadora de la misión Apolo 11 que controlaba el módulo de comando tenía sólo 4 kilobytes de RAM y 32 kilobytes de ROM, menos almacenamiento que cualquier teléfono antiguo antes de los teléfonos inteligentes.

La última misión tripulada a la Luna fue la **Apolo 17** en 1972.

La misión **Apolo 14 llevó** 500 semillas de pinos, abetos, higueras y secuoyas a la Luna, y fueron expuestas directamente a la la luz del sol, para ver qué efectos producían en ellas los rayos cósmicos.

Después, se trajeron hasta la Tierra y se plantaron en diversos lugares, donde brotaron más de 400 semillas, llamadas los árboles de la Luna.
En 2019, la **misión Chang'e** 4 de China llevó a la Luna semillas de algodón, colza y patatas, que consiguieron germinar durante unos días.
La **misión Artemis** visitará la Luna entre 2022 y 2028.

EL SISTEMA SOLAR, EL SOL Y LOS PLANETAS

Vehículo lunar (Rover) del Apollo 15

El sol iluminando la superficie de la Luna

EL SISTEMA SOLAR, EL SOL Y LOS PLANETAS

LA TIERRA

La Tierra gira alrededor de su eje a una velocidad de 1.600 km/h (movimiento de rotación) y se mueve alrededor del Sol a 107.000 km/h (movimiento de traslación). En una vuelta alrededor del sol, recorre 930 millones de kilómetros.

La Tierra no es completamente redonda porque es 43 km más ancha en el ecuador que en los polos.

La luz del sol tarda 8 minutos y 17 segundos en llegar a la Tierra.

El continente africano visto desde el espacio

-La Tierra tiene un **campo magnético** que la protege de los rayos cósmicos o partículas de alta energía que logran atravesar la **heliosfera**.

EL SISTEMA SOLAR, EL SOL Y LOS PLANETAS

El polo norte magnético de la Tierra no está exactamente en su centro geográfico, sino a unas 1.000 millas de distancia.

-La **atracción gravitacional de la Luna** atrae todo lo que hay en la Tierra. Los objetos muy grandes, como las masas de agua, se ven influenciados por esta atracción y crean fluctuaciones de nivel, llamadas **mareas**.

En una masa de agua más pequeña, como un lago, hay mareas, pero son tan pequeñas que no son visibles a simple vista.

Por ejemplo, en el Mediterráneo pueden extenderse hasta 30 centímetros entre marea alta y marea baja.

La gravedad de la Luna también afecta la **rotación de la Tierra.**

Hace 4 mil millones de años, la Luna estaba a 22.000 km de la Tierra y nuestro planeta giraba muy rápidamente.

Hace 1.400 millones de años, un día duraba 18 horas.

Desde entonces, la Luna se ha ido alejando progresivamente de la Tierra, lo que ha provocado que gire más lentamente, alargando así los días.

Cuando la Luna se aleje lo suficiente, dentro de varios millones de años, la gravedad que ejerza será tan débil, que el eje de la Tierra cambiará de posición y girará alrededor de la zona ecuatorial, tal y como lo hace Urano.

-**Las temperaturas en la superficie terrestre** varían entre 57 y -90 grados centígrados, con vientos que superan los 200 km/h.

EL SISTEMA SOLAR, EL SOL Y LOS PLANETAS

-La diferencia de temperatura entre las masas de aire crea **los vientos.**
El aire caliente pesa menos y asciende; El aire frío pesa más y se hunde.

-**Los huracanes** se forman cerca del ecuador y se desplazan de este a oeste, en el mismo sentido de la rotación de la Tierra, atravesando los océanos.

-Las masas de aire muy frío forman pequeños cristales de hielo cargados eléctricamente y cuando alcanzan un cierto nivel se produce una **descarga eléctrica o un relámpago.**
La mayoría de los rayos ocurren entre las nubes y no llegan al suelo.

-**El rayo** tiene una carga eléctrica de 15 millones de voltios.
El flujo de corriente alcanza los 200.000 amperios.
La temperatura alcanza los 30.000 grados centígrados. La longitud de los rayos oscila entre 1,5 y 12 km y se mueven por el aire a una velocidad de más de 200.000 km por hora.
Cada día se forman más de 2.000 tormentas en la Tierra.

-En Venezuela, en la desembocadura del río Catatumbo, en la región del lago de Maracaibo, se producen tormentas todas las noches entre abril y noviembre. El fenómeno ocurre desde hace 200 años y representa más del 10% del ozono terrestre.

EL SISTEMA SOLAR, EL SOL Y LOS PLANETAS

-**La temperatura en el interior de la tierra** está entre 3.500 y 5.200 grados centígrados y la presión es 3,5 millones de veces la del nivel del mar.

Debajo de la corteza terrestre se encuentra el manto.

•Su parte superior está fabricada con materiales sólidos que pueden estirarse y contraerse sin romperse.

•Su parte inferior está formada por rocas fundidas y materiales líquidos que generan flujos de **magma** por diferencias de temperatura y densidad:

•Los materiales más cálidos son menos densos, pesan menos y se elevan.

•Los materiales más fríos son más densos, pesan más y se hunden.

A medida que estos flujos de magma ascienden hacia la corteza, la rompen y forman placas a través de las cuales escapan el calor, la roca fundida y gases como el dióxido de carbono.

El magma alcanza una temperatura de 1.200 grados Celsius (2.100 grados Fahrenheit) y puede formar un cono volcánico.

La mayoría de las islas se formaron en el fondo marino a partir de material expulsado por volcanes submarinos.

Erupción del Volcán Kilauea (Hawai) bajo la Vía Láctea

-Las placas tectónicas se deslizan continuamente o acumulan tensión hasta que alcanzan un nivel en el que se produce el deslizamiento, lo que provoca un **terremoto**.

Cada año ocurren más de 500.000 terremotos.

MARTE
Es el planeta rocoso más alejado del Sol y tiene la mitad del tamaño que la Tierra.
Su nombre proviene del **dios grecorromano de la guerra Marte/Ares.**
-Tiene una **atmósfera** muy delgada con una presión 100 veces menor que la de la Tierra, compuesta en un 95% por dióxido de carbono, nitrógeno y argón.
-Tiene un núcleo compuesto por hierro, níquel y azufre, menos denso que el núcleo de la Tierra y cuya gravedad es del 40%.

EL SISTEMA SOLAR, EL SOL Y LOS PLANETAS

-La inclinación de su eje de rotación es similar a la del eje de la Tierra, por lo que Marte también tiene estaciones.
Marte necesita 687 días para orbitar alrededor del sol.
Un día en Marte dura 24 horas y 39 minutos.
Un año en Marte equivale a 1 año y 10 meses en la Tierra.

Puesta de sol en Marte

-El planeta tiene la montaña más alta del sistema solar, el Monte Olimpo, que mide 25 kilómetros de alto, 600 kilómetros de ancho y una meseta que se extiende sobre el 40% de la superficie del planeta.
-La gran garganta llamada Valle Marineris tiene una longitud de 3000 km, un ancho de 600 km y una profundidad de 8 km.
-3/4 de Marte está cubierto de rocas rojas.

El **robot Rover Opportunity** exploró la superficie de los **cráteres Endurance y Victoria.** Estuvo activo entre 2004 y 2018. Cuando se perdieron las comunicaciones, el vehículo viajó más de 42 km desde suelo marciano.

Cráter Endurance fotografiado por Opportunity

-**La temperatura** promedio es de -55° grados centígrados.
Las temperaturas mínimas en los polos pueden descender hasta los -130 grados centígrados.
Las temperaturas máximas diarias en el ecuador pueden superar los 20 grados centígrados. mientras que las bajas temperaturas nocturnas pueden llegar a -80 grados centígrados.

Hubo un océano que cubrió dos tercios del planeta durante 1.500 millones de años.

-Cuando el **campo magnético** de Marte desapareció hace 4 mil millones de años, la atmósfera se escapó al espacio, provocando que la presión y la temperatura del planeta descendieran y que el agua desapareciera de la superficie.

-A una **presión atmosférica** tan baja, el vapor de agua pasa desde del estado gaseoso al estado sólido en forma de hielo a una temperatura de -80 grados Celsius.

·En los polos hay una capa permanente de hielo de CO^2 y hielo de agua de aproximadamente 100 km de largo y 10 metros de alto.

Nubes de vapor de agua sobre Marte

EL SISTEMA SOLAR, EL SOL Y LOS PLANETAS

Los **vientos** pueden alcanzar velocidades superiores a 150 km/h y formar extensos sistemas de dunas en la superficie.

Hielo sobre uno de los polos

Las tormentas de arena pueden durar meses y extenderse por todo el planeta.
Hay **nubes blancas** hechas de vapor de agua o dióxido de carbono y nubes amarillas hechas de partículas microscópicas de arena que dan al cielo un tinte rosado.

En invierno, el vapor de agua forma nubes de cristales de hielo y hielo seco.
-Marte tiene dos pequeños **satélites** llamados Fobos y Deimos, cuyas órbitas se encuentran muy cerca del planeta. Provienen del cinturón de asteroides y fueron capturados por la gravedad marciana.
Deimos es el más pequeño y el más alejado de Fobos, el más grande y el más cercano.
Como necesita menos de 24 horas para dar una vuelta completa alrededor de Marte, Deimos sale y se pone en el cielo dos veces al día.

Tamaño comparativo de los cuatro planetas rocosos: Mercurio, Venus, La Tierra y Marte.

CINTURÓN DE ASTEROIDES

Se ubica entre las órbitas de Marte y Júpiter, a una distancia de entre 2 y 4 unidades astronómicas del Sol.
Está formado por más de 500.000 asteroides con diámetros superiores

a 1,5 km , y 1.000 asteroides con diámetros superiores a 15 km, así como enormes bandas de polvo cósmico de tamaño microscópico, muy separadas entre sí.

Giran en la misma dirección que los planetas alrededor del sol y tardan entre 3 y 5 meses, o incluso 6 años, en completar una vuelta completa alrededor del sol.

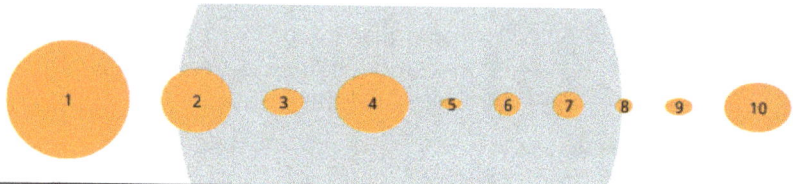

Luna (en gris) 1 Cérès 2 Pallas 3 Juno 4 Vesta 5 Astraea 6 Hebe 7 Iris 8 Flora 9 Metis 10 Hygiea

Ceres (939 km) Vesta (525 km) Pallas (512 km) Hygiea (434 km)

Los asteroides de tamaño mediano están separados por 5 millones de kilómetros, por lo que las colisiones ocurren con cientos de miles de años de diferencia.

Cada 10 millones de años se produce una colisión de asteroides cuyos radios son superiores a 10 km. Este choque conduce a la formación de asteroides más pequeños cuando la velocidad es alta; o a la unión de los dos asteroides en uno, cuando la velocidad es muy baja, lo cual es raro.

Los objetos más grandes del cinturón son **Ceres**, con 950 km, seguidos por **Pallas** y **Vesta**, con la mitad de ese tamaño.

El cinturón de asteroides se formó hace 4.500 millones de años, al mismo tiempo que los planetas del sistema solar.

EL SISTEMA SOLAR, EL SOL Y LOS PLANETAS

Vesta, Ceres y la Luna

En esta etapa temprana de la formación del sistema solar, estos asteroides no pudieron formar un planeta porque estaban influenciados por la atracción gravitacional de Júpiter.
• Algunos asteroides aceleraron tanto en su trayectoria que cuando chocaron con otros a gran velocidad, la gravedad no los pudo unir, y se dividieron en fragmentos cada vez más y más pequeños.
• Otros asteroides han alargado tanto sus órbitas alrededor del sol, que han chocado contra él o han sido arrojados a la **Nube de Oort,** en los confines del sistema solar.
• Menos del 1% de los protoasteroides no sufrieron grandes colisiones y conservaron su forma original.

Los asteroides más alejados del Sol retienen agua, y represen el 75% del total.
Hay asteroides hechos de hierro, níquel e incluso platino.
Un tercio de los asteroides orbitan alrededor del Sol, agrupándose con otros y formando familias. Provienen del mismo asteroide que chocó con otro.

CERES

Es el objeto más grande del cinturón de asteroides y se considera un planeta enano, uno de los planetas o protoplanetas más antiguos. Se formó hace 4.500 millones de años, con Vesta y Palas.

Fue descubierto en 1801 y lleva el nombre de la **diosa romana de la agricultura.**

Mide 945 km de diámetro y tiene masa suficiente para que la gravedad le haya dado una forma redondeada.
Un día en Ceres dura 9 horas y se necesitan 4 años y 6 meses para orbitar alrededor del sol.
Su eje de rotación está inclinado menos de 4 grados, por lo que las regiones polares están siempre expuestas al sol.

Es rocoso y su superficie está cubierta de hielo. Se cree que existe agua líquida a grandes profundidades, y algunos cráteres arrojan salmuera densa.

El planeta está lleno de cráteres de entre 20 y 100 kilómetros de ancho que contienen una gran cantidad de hielo. El cráter más grande tiene 280 km de ancho.

Cráter Occator

Tiene una atmósfera muy ligera de vapor de agua producida por la sublimación del hielo superficial.
Ceres capturó algunos asteroides durante largos períodos pero no abandonó su órbita, que comparte con miles de asteroides.

-**Velocidad de escape de Ceres:** 0,51 km/s; 1836 kilómetros por hora.
-**Velocidad de escape de la Luna:** 8640 km por hora.
-**Velocidad de escape de la Tierra:** 40.280 km por hora.
La velocidad de escape es la velocidad necesaria para que un objeto escape de la influencia del campo gravitacional de otro objeto, por ejemplo la velocidad necesaria para que un fragmento de roca después del impacto de un asteroide escape de la gravedad de un planeta y continúe su viaje a través del espacio.

VESTA

Asteroide de 530 kilómetros de diámetro con núcleo de hierro y níquel y superficie de basalto. Fue descubierto en 1807, y llamado así en honor a la **diosa del hogar.** Su órbita está más cerca del Sol que la de Ceres.

Gira sobre su eje en poco más de 5 horas y tarda 3 años y 6 meses en dar una vuelta completa alrededor del sol.

Las temperaturas en su superficie varían entre -20 y -130 grados centígrados.

Durante un breve período, tuvo actividad geológica.

En uno de sus polos hay un cráter de 460 km de diámetro, que mide entre 4.000 y 12.000 metros de altura y 13 km de profundidad.

Fue causado por el impacto de otro objeto hace unos mil millones de años.

Otros dos grandes cráteres de impacto tienen más de 150 kilómetros de ancho y 7 kilómetros de profundidad.

PALAS

Fue descubierto en honor a Ceres, en 1802, y lleva el nombre de **Palas Atenea, la diosa de la Sabiduría.**

EL SISTEMA SOLAR, EL SOL Y LOS PLANETAS

Pallas tiene un diámetro de 545 km, lo que la hace similar en tamaño a Vesta pero menos densa.

Un día en Palas dura casi 8 horas.

Su eje de rotación tiene una inclinación de más de 60°, por lo que la luz del sol le llega de forma muy desigual tanto en invierno como en verano.

Vesta y Ceres orbitando alrededor del cinturón de asteroides

JÚPITER

Es el planeta más grande del sistema solar, 318 veces más grande que la Tierra.

Se encuentra más allá de Marte y es el quinto más grande debido a su distancia al Sol. Debe su nombre al **dios Júpiter/Zeus, padre de los dioses del Olimpo.**

Es uno de los planetas gaseosos y está formado por hidrógeno y helio.

Densas nubes cubren todo el planeta y los vientos soplan entre 350 y 500 km/h.

EL SISTEMA SOLAR, EL SOL Y LOS PLANETAS

Un día en Júpiter dura 10 horas terrestres.

Las nubes están formadas por cristales de amoníaco y vapor de agua. La alta presión de su atmósfera hace que el hidrógeno se transforma en líquido y luego en sólido. En las capas inferiores contienen un gran núcleo de hielo que tiene entre 7 y 18 veces el tamaño de la Tierra. Tiene el campo magnético más fuerte de todo el sistema solar.
Los diamantes pueden llover sobre Júpiter debido a la altísima presión de su atmósfera. Están hechos de carbono y descienden desde las capas superiores a las inferiores.
-Júpiter tiene 67 **satélites**. En 1610, **Galileo** pudo observar sus satélites más grandes: el volcánico Ío, la helada Europa, el gigante Ganímedes, el satélite más grande del sistema solar, y Calisto, similar a nuestra luna.

GANÍMEDES

Con un diámetro de 5.200 km, es el satélite más grande de Júpiter y uno de los cuatro descubiertos por **Galileo** en 1610. Debe su nombre en honor **al sirviente de Júpiter, Zeus, que fue una de sus amantes**.

Es dos veces más grande que nuestra Luna.
Un día en Ganímedes equivale a 7 días en la Tierra. Esto también corresponde al tiempo que tarda en completar una revolución alrededor de Júpiter, por lo que siempre muestra el mismo lado del planeta, al igual que nuestra Luna.
Tiene una atmósfera muy fina con pequeñas cantidades de oxígeno e hidrógeno y un campo magnético débil.

EL SISTEMA SOLAR, EL SOL Y LOS PLANETAS

Está formado por un núcleo de hierro y silicio. Su superficie está llena de cráteres de diferentes tamaños y cubierta por una gruesa capa de hielo.

Al igual que en la Tierra, la capa exterior o corteza, está dividida en placas tectónicas que formaron las montañas hace millones de años. Ya no muestra ninguna actividad geológica.

Debajo de su superficie se encuentra un vasto océano de agua líquida y salada, cuyo volumen es mayor que el de la Tierra.

CALIXTO

Es uno de los cuatro grandes satélites descubiertos por **Galileo**, el segundo más grande de Júpiter y de tamaño similar a Mercurio.
El nombre de la **ninfa, amante de Júpiter/Zeus.**

Galileo fue el primero en observar los 4 grandes satélites de Júpiter

Su órbita es la más alejada de los 4 satélites mayores, y siempre le muestra a Júpiter la misma cara, al igual que la Luna lo hace con la Tierra.

Un día en Calixto equivale a 17 días en la Tierra y además es el tiempo que tarda en dar una revolución completa alrededor de Júpiter, por lo que siempre tiene la misma cara o hemisferio.

Satélite rocoso con muchos cráteres inactivos, una atmósfera ligera

de dióxido de carbono y un fuerte campo magnético.
A 150 kilómetros de profundidad, hay un océano de agua helada de 200 kilómetros de espesor.
Se sabe que el punto de fusión del hielo disminuye al aumentar la presión, alcanzando -22 grados Celsius a una presión de 2.070 bar.
La superficie plana está llena de cráteres de diferentes tamaños causados por impactos de meteoritos. Calixto tiene la mayor cantidad de cráteres de todo el sistema solar.

IO

Es el tercer satélite más grande de Júpiter y el más cercano descubierto por **Galileo**.

Es un planeta rocoso con montañas más altas que las de la Tierra.
Según la mitología griega, era una **ninfa que amaba a Júpiter/Zeus.**

Es el planeta del sistema solar con mayor número de volcanes activos, más de 400.

Se han observado nubes atraídas por Júpiter durante erupciones que llegan amás de 500 km de altura.

En la superficie se encuentran lagos de azufre líquido.

EUROPA

Es el más pequeño de los cuatro satélites descubiertos por **Galileo**.
Su tamaño es ligeramente menor que el de la Luna. Europa es la **madre del rey Minos de Creta, y amante de Júpiter/Zeus.**
Su atmósfera es rica en oxígeno pero muy fina, aunque ligeramente más densa que la de Marte.
Las temperaturas oscilan entre -160 y -220 grados centígrados.
Su interior está fabricado en hierro y níquel. A una profundidad de 25

km, una gruesa capa de hielo rodea el planeta. A una profundidad de 150 km hay un océano de agua salada.

Europa

EL SISTEMA SOLAR, EL SOL Y LOS PLANETAS

Este satélite, junto a Encelado (Saturno), es uno de los mayores candidatos a tener vida microbiana dentro del Sistema Solar.

Comparación del tamaño del Sol, Júpiter, la Tierra y la Luna

Los cuatro satélites galileanos

SATURNO

Planeta gaseoso cuyo nombre deriva del dios grecorromano **Saturno/ Crono, hijo de Urano y Gaia y padre de Júpiter/Zeus.**

Es 96 veces más grande que la Tierra. Su atmósfera está compuesta de hidrógeno y helio.

Un día dura un poco más de 10 horas. Se necesitan casi 30 años para que el planeta complete una vuelta completa alrededor del Sol.

Debido a la alta presión y a las altísimas temperaturas, cercanas a las del Sol, estos gases se encuentran en estado líquido.

Las tormentas pueden durar más de siete meses y los rayos tienen voltajes de millones de grados.

El campo magnético es mucho más débil que el de Júpiter.

Saturno está rodeado por un inmenso cinturón. Aunque **Galileo** fue el primero en observar Saturno con un telescopio, fue **Christiaan Huygens** quien pudo ver claramente sus anillos en 1659.

El planeta está rodeado por 1.000 anillos formados por fragmentos de hielo de diferentes tamaños que se mueven a una velocidad de 48.000 km/h.

La mayoría son más pequeños que granos de arena y forman una nube de partículas en forma de cinturón iluminadas por la luz solar. También hay fragmentos del tamaño de un camión o de una casa.

EL SISTEMA SOLAR, EL SOL Y LOS PLANETAS

Hay 4 bandas de anillos principales: A, B, C y D.
Los anillos miden entre 100 metros y 400.000 kilómetros de ancho, una distancia mayor que la que hay entre la Tierra y la Luna.

- Entrada de la sonda Cassini en la órbita de Saturno.
- Titán y Saturno.

Estos anillos están separados entre sí por unas grandes distancias.
Aparecieron hace 100 millones de años, cuando los dinosaurios habitaban la Tierra. Un enorme cometa chocó con la atmósfera de Saturno y se desintegró en millones de partículas de hielo. Otros científicos creen que se formaron por la colisión de dos de sus lunas heladas.

Saturno tiene 143 **satélites**, de los cuales 61 tienen un diámetro superior a 20 km y 7 tienen un diámetro superior a 350 km.
El gigantesco Titán con sus océanos subterráneos y géiseres; así

EL SISTEMA SOLAR, EL SOL Y LOS PLANETAS

como Encelado y su atmósfera de metano.
Huygens también descubrió el satélite Titán.

Las mayores lunas de Saturno, incluídas las descubiertas por Galileo

TITÁN

Es el satélite más grande de Saturno; Con un diámetro de 5.100 km, es casi el doble del tamaño de Mercurio. Se encuentra a 9,5 unidades astronómicas del Sol.

Es un planeta rocoso con una superficie helada y un campo magnético débil.

En su superficie se encuentran vastas llanuras, montañas de menos de 2.000 metros de altura, así como dunas de arena marrón de 150 metros de altura y 1.500 kilómetros de longitud.

Hay ríos de hasta 400 metros de longitud y lagos llenos de metano líquido en sus polos. La actividad volcánica es muy intensa.

Debajo de su superficie, a 100 kilómetros de profundidad, se encuentra un océano subterráneo de agua y amoníaco líquido.

Las reservas de hidrocarburos de este planeta son miles de veces mayores que las de la Tierra.

EL SISTEMA SOLAR, EL SOL Y LOS PLANETAS

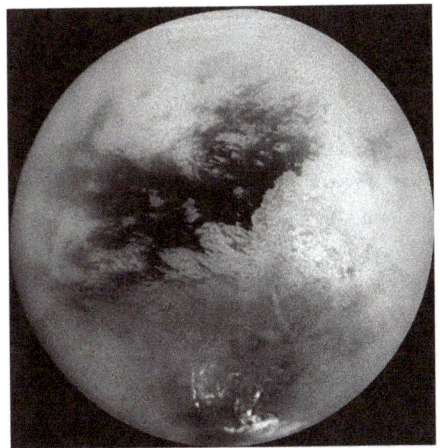

- **La atmósfera** densa está compuesta por un 90% de nitrógeno y al 5% de metano, con una presión 1,5 veces mayor a la de la Tierra.
- **Los vientos** alcanzan velocidades de hasta 180 km/h.
Las nubes alcanzan alturas de hasta 25 km, aunque algunas pueden alcanzar alturas de hasta 100 km.
- En Titán **llueve** hasta 50 litros por metro cuadrado al año de **metano líquido,** que en la Tierra es un gas. Al secarse en el suelo, forma una capa de alquitrán.

Sonda Huygens

La mayor parte de la precipitación de metano se evapora antes de llegar al suelo.
En Titán, un día dura 16 días terrestres, el mismo tiempo que se tarda en dar una vuelta completa alrededor de Saturno.
La luz del sol que llega a Titán es 1.000 veces menor que la que

llega a la Tierra, y es similar al anochecer durante una fuerte tormenta, por lo que su temperatura superficial no supera los -180 grados centígrados.

REA

Es el segundo satélite más grande de Saturno, después de Titán, con un diámetro de más de 1.500 km, la mitad del tamaño de la Luna. Fue descubierto en 1670 por el astrónomo **Giovanni Cassini** y lleva el nombre de Rea, esposa de Saturno/Cronos.

Sólo se necesitan cuatro días para completar una vuelta completa alrededor de Saturno, a pesar de que su órbita está muy alejada del planeta.

Está compuesto de roca y hielo. Su superficie está cubierta de cráteres.
Tiene una atmósfera muy ligera de dióxido de carbono y oxígeno.
La temperatura alcanza los -220 grados centígrados.

JAPETO

Por su tamaño, es el tercer satélite de Saturno después de Rea y Titán. Llamado en honor a uno de los **titanes de la mitología.** Fue descubierto por **Giovanni Cassini** en 1671. Tarda 79 días para completar una vuelta completa alrededor de Saturno (movimiento de traslación).

ENCELADO

Con un diámetro de poco más de 500 km, es el sexto satélite más grande de Saturno. Fue descubierto por **William Herschel** en 1789. Es un planeta rocoso cuya superficie está cubierta de hielo.
Alberga cientos de géiseres de más de 100 kilómetros de longitud que arrojan vapor de agua, cristales de sal y hielo.
Parte del agua que expulsan se congela rápidamente y cae al suelo en forma de nieve. Otra parte es atraída por la gravedad de Saturno, añadiendo material a su anillo exterior.

EL SISTEMA SOLAR, EL SOL Y LOS PLANETAS

Debajo de su superficie de hielo, a unos 40 kilómetros de profundidad, se encuentra un **océano de agua salada** que debe estar a alta temperatura debido a la actividad geotérmica del satélite; esto supone unas condiciones idóneas para la vida.

Gira rápidamente alrededor de Saturno en el anillo más externo del planeta, en su región más estrecha, y tarda 32 horas en completar una revolución (movimiento de traslación).

Siempre presenta la misma cara a Saturno, al igual que nuestra Luna a la Tierra.

El **Polo Sur** está rodeado de **nubes de vapor de agua** que contienen pequeñas cantidades de nitrógeno y dióxido de carbono.

FEBE

Se trata de un satélite de Saturno cuya masa debida a la gravedad no es suficiente para darle forma redonda, ya que su diámetro es de 220 km.

Un día en Febe dura 9 horas. Se necesitan 550 días para dar una vuelta completa Saturno, lo que ocurre en sentido contrario al resto.

Está compuesto de hielo y de roca. Su superficie está llena de cráteres causados por impactos de asteroides.
La temperatura es de -163 grados centígrados.

Se cree que llegó de más allá de Plutón, viajando por el espacio hasta que fue atrapado por el campo gravitacional de Saturno.

URANO

Más lejos del Sol que Saturno, Urano es el séptimo planeta del sistema solar y el tercero más grande después de Júpiter y Saturno. Es 63 veces más grande que la Tierra.

Urano es el padre de Saturno/Cronos y el abuelo de Júpiter/Zeus.
Fue descubierto por **William Herschel** en 1781.
La radiación solar es 400 veces menor que la que llega a la Tierra.
El día dura 17 horas terrestres (rotación). Urano tarda 84 años en orbitar alrededor del sol.
Su **extraño eje de rotación** significa que los polos del planeta están ubicados donde está la línea ecuatorial de la Tierra. Eso significa

que los polos tienen ciclos de más de 40 años de luz y otros 40 años de oscuridad total.
Tiene un campo magnético, anillos más débiles que los de Saturno y numerosos satélites.

No tiene superficie sólida. **La atmósfera** se compone principalmente de hidrógeno, además de helio y metano, que se combinan con las capas líquidas inferiores, formadas por una mezcla de agua y amoníaco, y se comprimen mediante una presión muy alta.

Tamaño comparativo entre Urano y la Tierra

Las **temperaturas** alcanzan los -200 grados centígrados.
Los **vientos** en Urano pueden alcanzar hasta 820 km/h.

Urano tiene un sistema de anillos formado por trozos microscópicos de hielo, aunque algunos miden hasta 1 metro de largo, similar al sistema de anillos de Saturno.

Urano tiene 27 **satélites** cuyos nombres provienen de personajes de las obras de **William Shakespeare.**

EL SISTEMA SOLAR, EL SOL Y LOS PLANETAS

-Tiene cinco **satélites principales:** Titania, Miranda, Oberón, Ariel y Umbriel. El más pequeñp es Miranda con 470 kilómetros, y el más grande es Titania con 1578 kilómetros.

Urano y sus satélites principales

-Debido a la gran **inclinación del eje de rotación** de Urano, lo que provoca que uno de sus polos esté siempre de cara al Sol, mientras sus satélites giran alrededor del ecuador de Urano.Los polos de los satélites también experimentan 42 años de oscuridad y otros 42 años de luz ininterrumpida.

Todos los satélites están hechos de roca y hielo, excepto Miranda, que está hecho de hielo y dióxido de carbono.

TITANIA

Es el mayor de los satélites de Urano. Fue descubierto por **William Herschel** en 1787. Lleva el nombre de **la reina de las hadas** (El sueño de una noche de verano de William Shakespeare).

Su **atmósfera** es baja en dióxido de carbono, similar a la de Calisto y mucho más ligera que la de Plutón.

Su interior es rocoso y su superficie está cubierta de hielo, bajo la cual probablemente exista un océano de agua líquida que alcanza una profundidad de 190 km.

EL SISTEMA SOLAR, EL SOL Y LOS PLANETAS

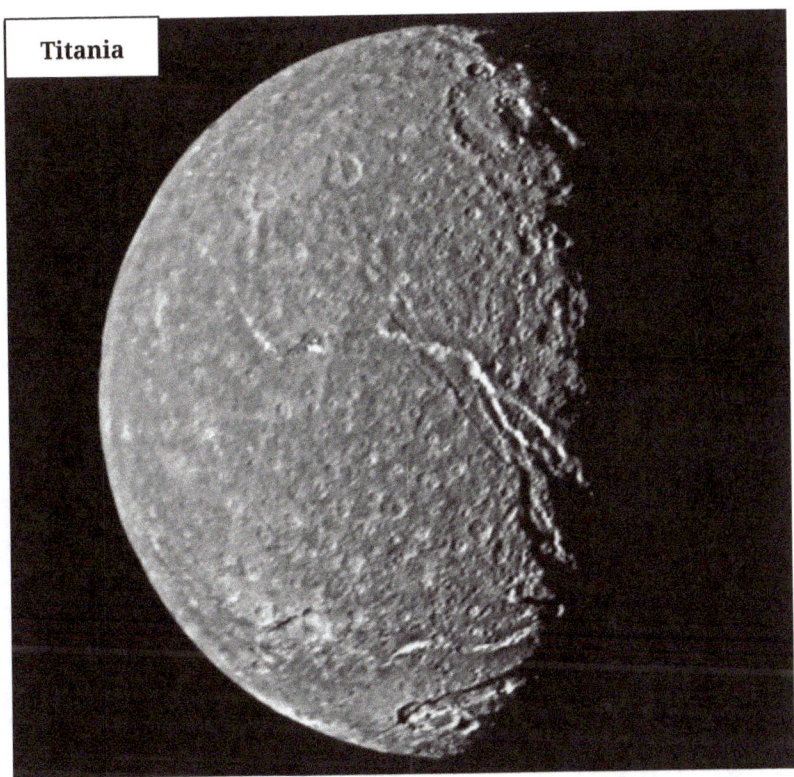
Titania

Un día en Titania equivale a 8 días en la Tierra. El satélite siempre muestra a Urano la misma cara, al igual que nuestra Luna a la Tierra. Puedes ver muchos cráteres, cañones y llanuras.

MIRANDA

Con un diámetro de 470 km, es el más pequeño de los grandes satélites de Urano. Fue descubierto en 1948 y lleva el nombre de la **hija del mago Próspero** (La Tempestad de William Shakespeare). Su interior es rocoso con burbujas de metano. Su superficie está atravesada por barrancos y cubierta de hielo de agua (debes saber que también se congelan otros elementos químicos, como el dióxido de carbono...).

EL SISTEMA SOLAR, EL SOL Y LOS PLANETAS

Miranda

OBERÓN

Es la segunda luna más grande después de Titania y la más distante de las lunas principales de Urano. Fue descubierto en 1787 y llamado así en honor a Oberón, **el rey de las hadas** (El sueño de una noche de verano de William Shakespeare).
Un día en Oberón equivale a casi 14 días terrestres.
El satélite siempre muestra a Neptuno la misma cara, al igual que nuestra Luna a la Tierra, por lo que

también tarda 14 días en completar una vuelta completa alrededor de Urano.
Está formado por rocas y hielo y puede contener agua líquida.
Su superficie está totalmente cubierta de cráteres creados por el impacto de meteoritos en su superficie, algunos de los cuales miden más de 200 km.
También hay profundas gargantas.
Algunas áreas son muy oscuras, debido a que los impactos de meteoritos rompen la capa de hielo y exponen el interior rocoso de Oberon.

NEPTUNO

Es el planeta más alejado del Sol. Debe su nombre a **Neptuno/ Poseidón, el dios del mar.** Es 17 veces más grande que la Tierra.
La alteración de las órbitas de Urano y Saturno llevó a los matemáticos a creer que debía haber otro objeto más allá del ubicado por **Galle** en 1846.

Comparación entre el tamaño de la Tierra y el de Neptuno

-La **atmósfera** está formada por nubes de hidrógeno, helio y metano.

EL SISTEMA SOLAR, EL SOL Y LOS PLANETAS

Los cristales de metano se convierten en diamantes que caen en forma de lluvia.

•Debajo de estas nubes y sin una separación claramente definida se encuentra un **océano de agua y amoníaco** cargado eléctricamente, con temperaturas que superan los 4.500 grados centígrados.

•En la parte más profunda del planeta se encuentra un **núcleo de roca** fundida.

-La **temperatura de la superficie** del planeta es de -218 grados centígrados.

-La velocidad del **viento** alcanza los 2.200 km/h, la velocidad más alta conocida.

-Neptuno tiene 17 **satélites**. El más grande es Tritón, donde se han observado géiseres de nitrógeno helados y las temperaturas más bajas del sistema solar: -235 grados centígrados.

Su sistema de anillos es similar al de Júpiter.

TRITÓN

Es el satélite más grande de Neptuno. Fue descubierto por **William Lassell** en 1846 y recibió su nombre del **hijo de Neptuno/Poseidón, el dios del mar.**

EL SISTEMA SOLAR, EL SOL Y LOS PLANETAS

-Su **atmósfera** es casi inexistente. En su superficie, las temperaturas alcanzan los -235 grados centígrados, las más bajas del sistema solar.
El **movimiento de rotación** de Tritón es en la dirección opuesta a la de Neptuno (órbita retrógrada), por lo que se cree que se originó en el cinturón de Kuiper y que fue capturado por la atracción gravitacional de Neptuno.
-La inusual **inclinación del eje de rotación** hace que los polos ocupen la zona ecuatorial, como es el caso de Urano. Las estaciones duran 82 años terrestres.
Tritón orbita a Neptuno en una órbita casi circular.
-El interior es rocoso y la superficie de los polos está formada por nitrógeno y metano congelados.
•Hay volcanes que emiten nitrógeno líquido y metano a varios kilómetros de altura.
-La **gravedad** acerca a Tritón a Neptuno y acelera su rotación hasta que Tritón se acerca tanto que colapsa, formando un anillo gigante alrededor de Neptuno.

NEREIDA

El satélite fue descubierto en 1949 y recibió su nombre en honor a las Nereidas, **ninfas que acompañan a Neptuno, el dios del mar.**
Tiene un diámetro de 360 km y su superficie está cubierta de hielo.

EL SISTEMA SOLAR, EL SOL Y LOS PLANETAS

Un día en Néréide dura 11 horas.

-**La órbita** alrededor de Neptuno es extremadamente alargada.
Su punto más cercano al planeta está a 1,3 millones de kilómetros y su punto más lejano a Neptuno está a casi 10 millones de kilómetros.

Tamaños comparativos de todos los planetas gaseosos

PLUTÓN

Fue descubierto por **Clyde Tombaugh** en 1930 y lleva el nombre de **Plutón/Hades, el dios del Inframundo.**

Plutón está situado en el Cinturón de Kuiper, una región entre 30 y 50 unidades astronómicas del Sol.

Montañas de Norgay-Hillary, cubiertas de hielo

EL SISTEMA SOLAR, EL SOL Y LOS PLANETAS

Tarda 248 años en completar una vuelta alrededor del sol. Durante 20 años, la órbita de Plutón se cruza con la órbita de Neptuno, pero debido a su inclinación no hay posibilidad de colisión.

Un día en Plutón equivale a 6 días en la Tierra. La inclinación de su eje de rotación significa que el ecuador del planeta se encuentra en sus dos polos, al igual que Urano.

En Plutón, el brillo del sol es 1.000 veces menor que el de la Tierra y se asemeja a una noche de luna llena.

Su **atmósfera** de nitrógeno, dióxido de carbono y metano es muy fina. Hay metano e hidrógeno congelados en su superficie.

EL SISTEMA SOLAR, EL SOL Y LOS PLANETAS

Comparación de tamaño de Ganímedes, Titán, Calixto, Io, Luna, Europa, Tritón y Plutón

Tiene 5 **satélites**: Caronte, descubierto en 1978, de tamaño similar a Plutón pero con mucho menos masa; Nyx, Hidra, Cerbero y Esfinge.

CARONTE

Es el satélite más grande de Plutón y fue descubierto por **James W. Christy** en 1978. Lleva el nombre de Caronte, un **barquero encargado de llevar las almas de los muertos hasta el Inframundo.**
Tiene un diámetro de 1.200 kilómetros y está a 19.000 kilómetros de Plutón, 20 veces más cerca que la Luna de la Tierra.
Caronte siempre muestra la misma cara a Plutón, al igual que la Luna de la Tierra.
Su interior está hecho de roca y hielo, y su superficie está cubierta de hielo de agua y no tiene atmósfera.
La **temperatura** oscila hasta los -258 grados centígrados.
Caronte no orbita a Plutón como un satélite, sino que Plutón y Caronte

orbitan alrededor de un punto gravitacional común (sistema planetario doble).

Caronte

Satélites más Pequeños

•**Nix** e **Hidra** fueron descubiertos en 2005. Nyx es la madre de Caronte, la diosa de la oscuridad, mide 55 km de largo. Hidra es la serpiente que guardaba el inframundo, tiene 42 kilómetros de largo.
•**Cerbero** fue descubierto en 2011 y tiene 30 km de largo.
Perro de tres cabezas que también vigila el inframundo y es hermano de Hidra.
•**Esfinge** fue descubierto en 2012 y tiene 20 km de largo.

EL SISTEMA SOLAR, EL SOL Y LOS PLANETAS

Caronte y Plutón

EL SISTEMA SOLAR, EL SOL Y LOS PLANETAS

PLANETAS ENANOS MÁS ALLÁ DE PLUTÓN

-En 2002 y 2003 se descubrieron **Quaoar** y **Sedna**, cuyo diámetro es la mitad que el de Plutón.

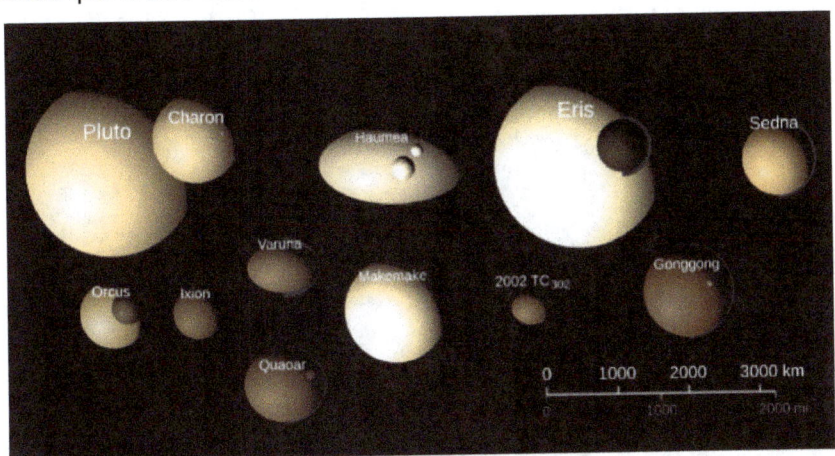

QUAOAR

Candidato a planeta enano ubicado en el lejano **cinturón de Kuiper** en el borde del sistema solar. Fue descubierto en 2002 por el Observatorio de la Montaña Palomar.
Debe su nombre a un **dios de los primeros habitantes de América del Norte,** tiene un diámetro de 1.100 km, tiene la mitad del tamaño de Plutón y posee un sistema de dos anillos formados por fragmentos de hielo de hasta 300 km de ancho. Su superficie está cubierta de hielo. A su alrededor gira un **satélite** llamado **Weywot**.

SEDNA

Situado en la **Nube de Oort,** entre 76 y 960 unidades astronómicas del Sol, aproximadamente 32 veces más lejos que Neptuno.
Fue descubierto en 2003 por el Observatorio Monte Palomar en Estados Unidos. Lleva el nombre de la **diosa esquimal del mar.**
Su diámetro es de 1600 km. Un día en Sedna dura 10 horas.
Tarda 11.400 años para orbitar alrededor del sol. Se necesitarían casi

EL SISTEMA SOLAR, EL SOL Y LOS PLANETAS

25 años para que una sonda espacial llegara a este objeto.
Su superficie está formada por hielo de carbono, metano y nitrógeno congelado.
-Por tanto, las **temperaturas** están por debajo de los -230 grados centígrados.
-Se cree que el **metano** no se evapora ni cae en forma de nieve, como ocurre en Tritón y Plutón.

Sedna

HAUMEA

Planeta enano elíptico en el **cinturón de Kuiper**. Fue descubierto en 2003 y recibió su nombre en honor a la **diosa hawaiana de la fertilidad.** Tiene 1/3 del tamaño de Plutón, un diámetro de unos 1.400 km y está rodeado de anillos.

Se encuentra a 35 unidades astronómicas del Sol. Gira sobre su eje en 4 horas y tarda 283 años en dar una vuelta completa alrededor del sol.
Es un planeta rocoso cuya superficie está cubierta de hielo.
Se supone que no hay atmósfera.

-Tiene dos **satélites**, el más grande, llamado **Hi'iaka** en honor a la diosa hawaiana de la medicina, es el más lejano, situado a 50.000 km, 300 km de diámetro y tarda 49 días en orbitar el planeta.
El más joven se llama **Namaka**, en honor a la diosa hawaiana del mar.

EL SISTEMA SOLAR, EL SOL Y LOS PLANETAS

Haumea

ORCO
Fue descubierto en 2003. Tiene un diámetro de 1600 km.
Tiene un **satélite** llamado Vanth.

Comparación del tamaño de Orco, de la Luna y de la Tierra

ERIS
Es el planeta enano transneptuniano más grande y, con un diámetro de 2.300 km, el segundo más grande después de Plutón.
Fue descubierto en 2005 por el Observatorio de Monte Palomar en los

EL SISTEMA SOLAR, EL SOL Y LOS PLANETAS

Estados Unidos de América.
Lleva el nombre de la **diosa de la discordia, que provocó la Guerra de Troya.**
Su interior es rocoso y su superficie está formada por metano congelado.
Su órbita alrededor del Sol es tres veces más larga que la de Plutón.
-Se necesitan 557 años para orbitar alrededor del sol, lo que supone entre 35 y 95 unidades astronómicas.
-**Plutón** orbita alrededor del Sol a una distancia de entre 29 y 49 unidades astronómicas.
-**Neptuno** orbita alrededor del Sol a 30 unidades astronómicas.
Tiene un satélite llamado Dysnomia, la diosa de las acciones injustas.

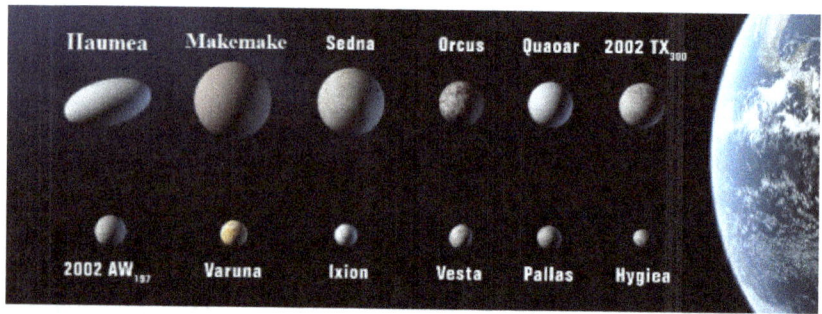

MAKEMAKE

Planeta enano del **cinturón de Kuiper**. La llegada de una sonda espacial tardaría 16 años. Fue descubierto en 2005. Lleva el nombre de una **divinidad de la Isla de Pascua.**
Su tamaño es de 1450 km de diámetro, o el 60% del tamaño de Plutón.
Su superficie está cubierta de hielo, nitrógeno y metano congelado.
•Tarda 308 años en dar una vuelta completa alrededor del sol.
Se cree que tiene una ligera **atmósfera** de nitrógeno y metano.
El **satélite** está a 21.000 kilómetros de distancia, tiene 175 kilómetros de diámetro y tarda 12 días en orbitar Makemake.

GONGGONG

Fue descubierto en 2007 por el Observatorio Monte Palomar y recibió su nombre en honor al dios chino del mar.
Mide 1.200 kilómetros de diámetro y tiene un **satélite** llamado Xiangliu.

EL SISTEMA SOLAR, EL SOL Y LOS PLANETAS

•Tarda 553 años en dar una vuelta completa alrededor del sol.
Se cree que su superficie está cubierta de hielo de agua y posiblemente de metano congelado.

EL SISTEMA SOLAR, EL SOL Y LOS PLANETAS

Copyright 2024. El Sistema Solar, el Sol y los Planetas. Publicado por Baltasar Rodríguez Oteros para Kindle

Agradecimientos

-https://upload.wikimedia.org/wikipedia/commons/c/c5/Released_to_Public_Voyager_Montage_by_NASA_(NASA)_(291707648).jpg Released to Public: Voyager Montage by NASA (NASA) Author pingnews.com
https://upload.wikimedia.org/wikipedia/commons/thumb/1/15/Mars_-_8k_Render_(32907950425).jpg/1024px-Mars_-_8k_Render_(32907950425).jpgMars -8k Render Author Kevin M. Gill Flickr set Hourly Cosmoshttps://es.m.wikipedia.org/wiki/Archivo:MarsSunsetCut.jpgNASA's Mars Exploration Rover: Spirit [1] Autor NASA
https://upload.wikimedia.org/wikipedia/commons/3/31/Sizes_of_Solar_System_objects_to_scale.png23 January 2024 Source Own work Author RedKire25
https://upload.wikimedia.org/wikipedia/commons/thumb/5/51/High_School_Earth_Science_Cover.jpg/http://cafreetextbooks.ck12.org/science/CK12_Earth_Science.pdf
If the above link no longer works, visit http://www.ck12.org and lookfor the CK-12 Earth Science book.Author CK-12 Foundation
https://upload.wikimedia.org/wikipedia/commons/thumb/2/20/Nh-pluto-charon-v2-10-1-15_1600.jpg/NASA Solar System Exploration Author NASA's New Horizons spacecraft
https://commons.m.wikimedia.org/wiki/File:Solar_sys.jpghttps://photojournal.jpl.nasa.gov/catalog/PIA11800Author NASA/JPL
https://upload.wikimedia.org/wikipedia/commons/thumb/7/7e/Solar_system_Painting.jpg Harman Smith and Laura Generosa (nee Berwin), graphic artists and contractors to NASA's Jet Propulsion Laboratory.
https://upload.wikimedia.org/wikipedia/commons/thumb/d/de/The_Solar_System_(37307579045).jpg/The Solar System Author Kevin Gill from Los Angeles, CA, United States
https://upload.wikimedia.org/wikipedia/commons/thumb/f/f0/2006-16-d-print2.jpg/1078px-2006-16-d-print2.jpg Source Page:http://hubblesite.org/newscenter/newsdeskarchive/
releases/2006/16/image/dAuthor A. Feild(SpaceTelescope Science Institute)From http://hubblesite.org/copyright/ copyright@stsci.edu.
https://upload.wikimedia.org/wikipedia/commons/thumb/a/af/NASA_Heliosphere_Mod.jpg/NASA/JPL-Caltech.Author JudithNabb
https://upload.wikimedia.org/wikipedia/commons/thumb/b/b7/Asteroid_Bennu's_Journey%2C_the_formation_of_our_Solar_system_and_the_early_Earth_(NASA_video).webm/.jpg NASA | Asteroid Bennu's Journey –View/savearchivedversions on archive.org and archive today Author NASA Goddard
https://upload.wikimedia.org/wikipedia/commons/thumb/0/0b/BENNU'S_JOURNEY_-_Early_Earth.jpg/Flickr Author NASA's Goddard Space Flight Center
https://upload.wikimedia.org/wikipedia/commons/8/81/Solar_System_Diagram_-_Feb._2019_(46327506074).jpgStephenposted to Flickr by splinx1 at https://flickr.comphotos/
42837737@N05/46327506074
https://upload.wikimedia.org/wikipedia/commons/thumb/6/68/Artist's_conception_of_Sedna.jpg NASA/JPL-Caltech/R. Hurt(SSC-Caltech)
https://upload.wikimedia.org/wikipedia/commons/thumb/3/38/Haumea_with_rings_(37641832331).jpg/ Kevin Gill from Los Angeles,CA,UnitedStateshttps://flickr.com/photos/53460575@N03/37641832331
https://upload.wikimedia.org/wikipedia/commons/thumb/b/bc/Artist's_concept_of_the_Solar_System_as_viewed_from_Sedna.jpg http://hubblesite.org/newscenter/archive/releases/2004/14/image/f/formatlarge_web/Author NASA,ESA and Adolf Schaller
https://upload.wikimedia.org/wikipedia/commons/thumb/2/21/10_Largest_Trans-Neptunian_objects_(TNOS).png/Lexicon(Commons 3.0),Exoplanet Expert (Commons 4.0),SpaceDude777
-https://upload.wikimedia.org/wikipedia/commons/thumb/c/c7/Saturn_during_Equinox.jpg/http://www.ciclops.org/view/5155/Saturn-Four-Years-On http://www.nasa.gov/images/content/365640main_PIA11141_full.jpg
http://photojournal.jpl.nasa.gov/catalog/PIA11141 Autor NASA / JPL / Space Science Institute
-https://upload.wikimedia.org/wikipedia/commons/thumb/9/97The_Earth_seen_from_Apollo_17.jpg/NASA/Apollo 17 crew; taken by either Harrison Schmitt or RonEvans
-https://upload.wikimedia.org/wikipedia/commons/thumb/0/01/Phase-180.jpg/Jay Tanner
-https://upload.wikimedia.org/wikipedia/commons/thumb/d/df/Full_moon_partially_obscured_by_atmosphere.jpg
http://spaceflight.nasa.gov/gallery/images/shuttle/sts-103/html/s103e5037.html Autor NASA
-https://upload.wikimedia.org/wikipedia/commons/thumb/4/44 Kilauea_Volcanic_Eruption_Big_Island_Hawaii_2018_(31212271237).jpg/Author Anthony Quintano from Mount Laurel, United States
-https://upload.wikimedia.org/wikipedia/commons/thumb/8/89/Comet_C-1995_O1_Hale-Bopp%2C_on_March_14%2C_1997_(cropped).jpg/Author ignoto - Credit: ESO/E. Slawik
-https://upload.wikimedia.org/wikipedia/commons/thumb/8/86/Montagem_Sistema_Solar.jpg/NASA
-https://upload.wikimedia.org/wikipedia/commons/thumb/3/3b/Portrait_of_Sir_Isaac_Newton%2C_1689.jpg/https://exhibitions.lib.cam.ac.uk/lines ofthought/artifacts/newton-by-kneller
-https://upload.wikimedia.org/wikipedia/commons/thumb/d/d8/NASA_Mars_Rover.jpg/1280px-NASA_Mars_Rover.jpgNASA/JPL/Cornell University, Maas Digital LLC
https://upload.wikimedia.org/wikipedia/commons/thumb/6/68/Schiaparelli_Hemisphere_Enhanced.jpg
https://astrogeology.usgs.gov/search/details/Mars/Viking/schiaparelli_enhanced/tif Autor USGS
https://upload.wikimedia.org/wikipedia/commons/thumb/f/f6/May_28%2C_2013_Bennington%2C_Kansas_tornado.jpeg/Dustin Goble (Submitted to National Weather Service)
https://upload.wikimedia.org/wikipedia/commons/thumb/1/12/Oidipous_sphinx_MGEt_16541_reconstitution.svg/Juan José Moral.
https://upload.wikimedia.org/wikipedia/commons/thumb/b/b4/The_Sun_by_the_Atmospheric_Imaging_Assembly_of_NASA's_Solar_Dynamics_Observatory_-_20100819.jpg/NASA/SDO (AIA)
https://upload.wikimedia.org/wikipedia/commons/thumb/0/02/SolarSystem_OrdersOfMagnitude_Sun-Jupiter-Earth-Moon.png Tdadamemd
https://upload.wikimedia.org/wikipedia/commons/thumb/f/f3/Orion_Nebula_-_Hubble_2006_mosaic_18000.jpg/NASA, ESA, M. Robberto (Space Telescope Science Institute/ESA) and the Hubble Space Telescope Orion Treasury Project Team
https://upload.wikimedia.org/wikipedia/commons/thumb/6/63/Messier_81_HST.jpg/NASA, ESA and the Hubble Heritage Team (STScI/AURA)
https://es.m.wikipedia.org/wiki/Archivo:TakakkawFalls2.jpg Michael Rogers (Mjrogers50 de Wikipedia en inglés)
https://upload.wikimedia.org/wikipedia/commons/thumb/8/85/Venus_globe.jpg/photojournal.jpl.nasa.gov/catalog/PIA00104Autor NASA/JPL
https://upload.wikimedia.org/wikipedia/commons/thumb/7/7c/Terrestrial_planet_sizes2.jpg/NASA/JHUAPLVenus image:NASA/Johns Hopkins University
Applied Physics Laboratory/Carnegie Institution of Washington Earth image: NASA/Apollo 17 crew, retouch by User:Aaron1a12
https://upload.wikimedia.org/wikipedia/commons/thumb/7/71/PIA22946-Jupiter-RedSpot-JunoSpacecraft-20190212.jpg/NASA/JPL-Caltech/SwRI/MSSS/Kevin M. Gill
https://upload.wikimedia.org/wikipedia/commons/thumb/9/95/Uranus%2C_Earth_size_comparison_2.jpg/NASA (image modified by Jcpag2012)
https://upload.wikimedia.org/wikipedia/commons/thumb/2/2f/Neptune%2C_Earth_size_comparison_true_color.jpg/CactiStaccingCrane
https://upload.wikimedia.org/wikipedia/commons/thumb/1/1c/Europa_in_natural_color.png/Europa - PJ45-2.png from
https://www.missionjuno.swri.edu/junocam/processing?
id=13844 Autor NASA/JPL-Caltech/SwRI/MSSS/Kevin M. Gill
https://upload.wikimedia.org/wikipedia/commons/thumb/2/21/Ganymede_-_Perijove_34_Composite.png/2048px-Ganymede_-_Perijove_34_Composite.png Kevin M. Gill https://flickr.com/photos/53460575@N03/51238659798 Ganymede -Perijove 34 CompositeAutor NASA/JPL-Caltech/SwRI/MSSS/Kevin M.Gill
https://upload.wikimedia.org/wikipedia/commons/thumb/0/0e/Moon_and_Asteroids_1_to_10.svg/Vystrix Nexoth
https://upload.wikimedia.org/wikipedia/commons/thumb/b/ba/Dawn_Flight_Configuration_2.jpg/http://dawn.jpl.nasa.gov/multimedia/spacecraft.asp GDKDawn spacecraft Source:http://dawn.jpl.nasa.gov/multimedia/spacecraft.asp PD-NASA
https://upload.wikimedia.org/wikipedia/commons/thumb/7/7b/Io_highest_resolution_true_color.jpg/NASA /JPL /University of Arizona
https://upload.wikimedia.org/wikipedia/commons/thumb/0/06/Titan_in_front_of_the_ring_and_Saturn.jpg/http://photojournal.jpl.nasa.gov/catalog/PIA14922 Author Produced By Cassini Credit:NASA/JPL-Caltech/Space Science Institute
https://upload.wikimedia.org/wikipedia/commons/thumb/2/25/Titan_globe.jpg/NASA/JPL/Space Science Institute Permissionjpl.nasa.gov

EL SISTEMA SOLAR, EL SOL Y LOS PLANETAS

https://upload.wikimedia.org/wikipedia/commons/thumb/b/b2/Cassini_Saturn_Orbit_Insertion.jpg/Autor NASA/JPL
https://upload.wikimedia.org/wikipedia/commons/4/46/Gas_planet_size_comparisons.jpg
http://solarsystem.nasa.gov/multimedia/display.cfm?IM_ID=180Author Solar System Exploration, NASA
https://upload.wikimedia.org/wikipedia/commons/7/7d/PIA01482_Saturn_Montage.jpg JPL image PIA01482 Author NASA
https://upload.wikimedia.org/wikipedia/commons/thumb/d/d4/Justus_Sustermans_-_Portrait_of_Galileo_Galilei%2C_1636.jpg/identificador Art UK de unaobra de arte: galileo-galilei-15641642-175709 fotógrafo https://www.rmg.co.uk/collections/objects/rmgc-Dmitry Rozhkov object-14174
https://upload.wikimedia.org/wikipedia/commons/thumb/3/30/Mercury_in_color_-_Prockter07_centered.jpg/NASA/JPLAutor NASA /Johns Hopkins University Applied Physics Laboratory /Carnegie Institution of Washington.Prockter07.jpg by Papa Lima Whiskey .
https://upload.wikimedia.org/wikipedia/commons/5/58/Ceres_-_RC3_-_Haulani_Crater_(22381131691).jpgCeres -RC3 -Haulani Crater Autor Justin Cowart
https://upload.wikimedia.org/wikipedia/commons/thumb/4/41/Sol454_Marte_spirit.jpg/http://marsrovers.jpl.nasa.gov/gallery/press/spirit/200504 20a.html Autor NASA/JPL
https://upload.wikimedia.org/wikipedia/commons/thumb/f/f5/007_Jack's_4_O'clock_EVA-1_LM_Pan_Hi_Res.jpg/NASA/Gene Cernan/Jack Schmitt
https://upload.wikimedia.org/wikipedia/commons/thumb/8/8e/Duke_on_the_Descartes_-_GPN-2000-001123.jpg/Author NASA John Young
https://upload.wikimedia.org/wikipedia/commons/thumb/e/e4/Water_ice_clouds_hanging_above_Tharsis_PIA02653_black_background.jpg/http://www.jpl.nasa.gov/spaceimages/details.php?id=PIA02653 Author NASA/JPL/MSSS
https://upload.wikimedia.org/wikipedia/commons/thumb/c/cb/7505_mars-curiosity-rover-gale-crater-beauty-shot-pia19839-full2.jpg/https://mars.nasa.gov/resources/7505/Author Jim Secosky picked out a NASA JPL-Caltech
https://commons.m.wikimedia.org/wiki/File:Lspn_comet_halley.jpg NASA/W.Liller
https://upload.wikimedia.org/wikipedia/commons/thumb/0/0c/360°_View-_Very_Well-Preserved_9-Kilometer_Diameter_Impact_Crater_(33432247000).jpg/https://flickr.com/photos/53460575@N03/33432247000Author Kevin M. Gill Flickr set Hourly Cosmos Flickr
https://upload.wikimedia.org/wikipedia/commons/thumb/f/f9/Ceres_and_Vesta%2C_Moon_size_comparison.jpg/Gregory H. Revera Ceres image: Justin Cowart Vesta image: NASA/JPL-Caltech
https://upload.wikimedia.org/wikipedia/commons/thumb/f/f9/Sar2667_as_it_entered_Earth's_atmosphere_over_the_north_of_France.jpg/Wokege
https://upload.wikimedia.org/wikipedia/commons/thumb/5/5a/Uranus_moons.jpg/Vzb83
https://upload.wikimedia.org/wikipedia/commons/thumb/e/e1/HAVO_20220213_Milky_Way_over_Kilauea_crater_J.Wei_(51888623142).jpg/Hawaii Volcanoes National Park
https://upload.wikimedia.org/wikipedia/commons/thumb/3/3b/Catatumbo_Lightning_-_Rayo_del_Catatumbo.jpg/Fernando Flores from Caracas,Venezuela https://flickr.com/photos/44948457@N07/23691566642
https://upload.wikimedia.org/wiki/Archivo:Huracan_patricia_23-10.jpghttps://twitter.com/StationCDRKelly/status/657618739492474880Autor Scott Kelly
https://es.m.wikipedia.org/wiki/Archivo:PIA17202_-_Approaching_Enceladus.jpg National Aeronautics and Space Administration (NASA) Jet Propulsion Laboratory (JPL)
https://commons.m.wikimedia.org/wiki/File:Callisto_-_May_26_2001_(37113416323).jpg Kevin Gill from Los Angeles, CA, United States Flickr by Kevin M. Gill at https://flickr.com/photos/53460575@N03/37113416323
https://commons.m.wikimedia.org/wiki/File:The_Galilean_Satellites_-_PIA01299.tiffJPLAuthor NASA
https://commons.m.wikimedia.org/wiki/File:PIA00340_Montage_of_Neptune_and_Triton.jpg http://photojournal.jpl.nasa.gov/ catalog/PIA00340 Author NASA,JPL
https://upload.wikimedia.org/wikipedia/commons/thumb/e/ef/Pluto_in_True_Color_-_High-Res.jpg/1024px-Pluto_in_True_Color_-_High-Res.jpgNASA/Johns Hopkins University Applied Physics Laboratory/Southwest Research Institute/Alex Parker
https://upload.wikimedia.org/wikipedia/commons/thumb/c/c9/Iapetus_as_seen_by_the_Cassini_probe_-_20071008.jpg/The Other Side of Iapetus Autor NASA / JPL / Space Science Institute
https://upload.wikimedia.org/wikipedia/commons/thumb/2/23/Pluto_compared2.jpg/Composition of NASA images by Eurocommuter.
https://upload.wikimedia.org/wikipedia/commons/thumb/a/a3/PIA19947-NH-Pluto-Norgay-Hillary-Mountains-20150714.jpg/NASA/Johns Hopkins University Applied Physics Laboratory
https://upload.wikimedia.org/wikipedia/commons/thumb/2/2e/Charon_in_True_Color_-_High-Res.jpg/NASA/Johns Hopkins University Applied Physics Laboratory/Southwest Research Institute/Alex Parker
https://upload.wikimedia.org/wikipedia/commons/thumb/a/ab/PIA07763_Rhea_full_globe5.jpg/http://photojournal.jpl.nasa.gov/catalog/PIA07763 Autor NASA /JPL/Space Science Institute
https://upload.wikimedia.org/wikipedia/commons/thumb/2/21/Ganymede_-_Perijove_34_Composite.png/Ganymede Perijove 34 Autor NASA/JPL-Caltech/SwRI/MSSS/KevinM.Gill
https://upload.wikimedia.org/wikipedia/commons/thumb/c/c2/Miranda_mosaic_in_color_-_Voyager_2.png https://www.flickr.com/photos/1970 38812@N04/53467048107/Autor zelario12
https://upload.wikimedia.org/wikipedia/commons/thumb/b/b1/Uranus_Montage.jpg/http://solarsystem.nasa.gov/multimedia/display.cfm?Category=Planets&IM_ID=10767
http://solarsystem.nasa.gov/multimedia/gallery/Uranus_Montage.jpg Author NASA/JPL
https://upload.wikimedia.org/wikipedia/commons/thumb/4/4e/PIA00039_Titania.jpg/http://ciclops.org/view/3651/Titania_-_Highest_Resolution_Voyager_Picture Autor NASA/JPL
https://upload.wikimedia.org/wikipedia/commons/thumb/2/2e/Apollo_15_Lunar_Rover_and_Irwin.jpg/http://www.hq.nasa.gov/alsj/a15/images15.html Autor NASA/David Scott
https://commons.m.wikimedia.org/wiki/File:Solar_System_true_color.jpgCactiStaccingCrane
https://upload.wikimedia.org/wikipedia/commons/thumb/d/d5/Comet_McNaught_at_Paranal.jpg/jpghttp://www.eso.org/public/images/mc_naught34/Author ESO/Sebastian Deiries European Southern Observatory (ESO).
https://upload.wikimedia.org/wikipedia/commons/thumb/d/d7/Terrestrial_planet_sizes_3.jpg/Orbiter Mission (30055660701).png (ISRO / ISSDC / Justin Cowart)Author CactiStaccingCrane
https://upload.wikimedia.org/wikipedia/commons/thumb/6/67/Planet_collage_to_scale_(captioned).jpg/User:MotloAstro(Sun); NASA Author CactiStaccingCrane
https://upload.wikimedia.org/wikipedia/commons/thumb/2/2d/The_Mysterious_Case_of_the_Disappearing_Dust.jpg/NASA/JPL-Caltech
https://upload.wikimedia.org/wikipedia/commons/thumb/e/e3/Magnificent_CME_Erupts_on_the_Sun_-_August_31.jpg/Flickr : Magnificent CME Erupts on the Sun - August 31Autor NASA Goddard Space Flight Center
https://upload.wikimedia.org/wikipedia/commons/thumb/a/ae/Phoebe_cassini_full.jpg/JPL image PIA06064 Author NASA/ JPL/Space Science Institute
https://upload.wikimedia.org/wikipedia/commons/thumb/3/3a/Mare_Imbrium-AS17-M-2444.jpg
http://nssdc.gsfc.nasa.gov/imgcat/html/object_page/a17_m_2444.html http://www.lpi.usra.edu/resources/apollo/frame/?AS17-M-2444Autor NASA
https://upload.wikimedia.org/wikipedia/commons/a/a6/Moon_phases_00.jpg Orion 8
https://upload.wikimedia.org/wikipedia/commons/thumb/8/81/Artemis_program_hls-ascending.jpg/https://www.nasa.gov/feature/nasa-seeks-input-from-us-industry-on-artemis-lander-development Autor NASA
https://upload.wikimedia.org/wikipedia/commons/thumb/3/3e/Deep_Impact_HRI.jpegNASA/JPL-Caltech/UMDhttp://discovery.nasa.gov/images/67_secs_after_impact.jpg archive copy at the Wayback Machine
https://upload.wikimedia.org/wikipedia/commons/thumb/c/c4/ALH84001.jpg/http://www-curator.jsc.nasa.gov/curator/antmet/marsmets/alh84001/ALH84001,0.htmAutor NASA
https://upload.wikimedia.org/wikipedia/commons/thumb/1/17/PIA22083-Ceres-DwarfPlanet-GravityMapping-20171026.gif/https://photojournal.jpl.nasa.gov/archive/PIA22083.gifAuthor NASA/JPL-Caltech/UCLA/MPS/DLR/IDA
https://es.m.wikipedia.org/wiki/Archivo:Vesta_full_mosaic.jpg View of Vesta Autor NASA/JPL-Caltech/UCAL/MPS/DLR/IDA
https://upload.wikimedia.org/wikipedia/commons/thumb/7/72/Iau_dozen.jpg (IAU/NASA) Martin Kornmesser NASA/ESA and the Hubble Heritage Team"
https://upload.wikimedia.org/wikipedia/commons/thumb/8/84/The_Four_Largest_Asteroids_(unlabeled).jpg/Ceres and Vesta images: NASA/JPL-Caltech/UCLA/MPS/ DLR/IDA Pallas image: NASA Hygiea image: Astronomical Institute of the Charles University: Josef Ďurech, Vojtěch Sidorin Image modified by PlanetUser.
https://upload.wikimedia.org/wikipedia/commons/8/86/The_Four_Largest_Asteroids.jpg Ceres and Vesta images: NASA/JPL- Caltech/UCLA/MPS/DLR/ IDA Pallas and images: ESO Images compiled by PlanetUser and by kwamikagami
https://upload.wikimedia.org/wikipedia/commons/thumb/f/ff/Nereid_-_Simulated_View.jpgPlanetUser
https://upload.wikimedia.org/wikipedia/commons/thumb/4/47/Moons_of_Saturn_-_Infographic_(15628203777).jpg/Kevin Gill from Nashua, NH, United States
https://upload.wikimedia.org/wikipedia/commons/thumb/8/82/Enceladus_Cross-section.jpg/https://www.flickr.com/photos/5078505

EL SISTEMA SOLAR, EL SOL Y LOS PLANETAS

4@N03/36403387400/Author NASA-GSFC/SVS,NASA/JPL-Caltech/Southwest Research Institute
https://upload.wikimedia.org/wikipedia/commons/thumb/4/41/Enceladus_(14432622899).jpg/Kevin M.Gill Flickr set Hourly Cosmos
https://upload.wikimedia.org/wikipedia/commons/thumb/4/4d/PIA21913-DwarfPlanetCeres-OccatorCrater-SimulatedPerspective-20171212.jpg/NASA/JPL-Caltech/UCLA/MPS/DLR/IDA Ander weergawes Oblique view of crater
https://upload.wikimedia.org/wikipedia/commons/6/6d/Oberon_in_true_color_by_Kevin_M._Gill.jpghttps://www.flickr.com/photos/kevinmgill/50906003243/Author Kevin M.Gill
https://upload.wikimedia.org/wikipedia/commons/thumb/a/ac/Namibie_Hoba_Meteorite_02.JPG/GIRAUD Patrick
https://upload.wikimedia.org/wikipedia/commons/thumb/a/a4/Burns_cliff.jpg/NASA/JPL/Cornell modified from original by Tablizer at en.wikipedia
https://upload.wikimedia.org/wikipedia/commons/thumb/c/c4/PIA19048_realistic_color_Europa_mosaic_(original).jpg/NASA /Jet PropulsionmLab-Caltech /SETI Institute
https://upload.wikimedia.org/wikipedia/commons/0/0f/Titansurface-2-hi-1-.jpghttp://www.nasa.gov/
https://commons.m.wikimedia.org/wiki/File:Orcus_Earth_%26_Moon_size_comparison.png Wyattmars
https://upload.wikimedia.org/wikipedia/commons/thumb/e/e7/Plutonian_system.jpg/NASA,ESA and G.Bacon (STScI)
https://upload.wikimedia.org/wikipedia/commons/5/51/Venus_-_September_4_2020_(51748449417).pnghttps://flickr.com/photos/53460575@N03/51748449417 KevinGill from Los Angeles, CA, United States
https://upload.wikimedia.org/wikipedia/commons/5/54/Venus_-_December_23_2016.pnghttps://www.flickr.com/photos/53460575@N03/50513674188/Autor Kevin M. Gill

www.ingramcontent.com/pod-product-compliance
Lightning Source LLC
Chambersburg PA
CBHW072053230526
45479CB00010B/942